한 권으로
계산
끝

한 권으로 계산 끝 7

지은이 차길영
펴낸이 임상진
펴낸곳 (주)넥서스

초판 1쇄 발행 2019년 9월 25일
초판 5쇄 발행 2022년 7월 15일

출판신고 1992년 4월 3일 제311-2002-2호
10880 경기도 파주시 지목로 5
Tel (02)330-5500 Fax (02)330-5555

ISBN 979-11-6165-653-3 (64410)
      979-11-6165-646-5 (SET)

www.nexusbook.com
www.nexusEDU.kr/math

⏱ 문제풀이 속도와 정확성을 향상시키는
초등 연산 프로그램

계산력+두뇌회전 UP!

한 권으로 계산 끝

수학의 마술사 **차길영** 지음

7

초등수학
4학년 과정

넥서스에듀

혹시 여러분, 이런 학생은 아닌가요?

문제를 풀면 다 맞긴 하는데 시간이 너무 오래 걸려요.

341 + 726

한 자리 숫자는 자신이 있는데 숫자가 커지면 당황해요.

덧셈과 뺄셈은 어렵지 않은데 곱셈과 나눗셈은 무서워요.

계산할 때 자꾸 손가락을 써요.

문제는 빨리 푸는데 채점하면 비가 내려요.

이제 계산 끝이면, 실수 끝! 오답 끝! 걱정 끝!

왜 〈한 권으로 계산 끝〉으로 시작해야 하나요?

수학의 기본은 계산입니다.

계산력이 약한 학생들은 잦은 실수와 문제풀이 시간 부족으로 수학에 대한 흥미를 잃으며 수학을 점점 멀리하게 되는 것이 현실입니다. 따라서 차근차근 계단을 오르듯 수학의 기본이 되는 계산력부터 길러야 합니다. 이러한 계산력은 매일 규칙적으로 꾸준히 학습하는 것이 중요합니다. '창의성'이나 '사고력 및 논리력'은 수학의 기본인 계산력이 뒷받침이 된 다음에 얘기할 수 있는 것입니다. 우리는 '창의성' 또는 '사고력'을 너무나 동경한 나머지 수학의 기본인 '계산'과 '암기'를 소홀히 생각합니다. 그러나 번뜩이는 문제 해결력이나 아이디어, 창의성은 수없이 반복되어 온 암기 훈련 및 꾸준한 학습을 통해 쌓인 지식에 근거한다는 점을 절대 잊으면 안 됩니다.

수학은 일찍 시작해야 합니다.

초등학교 수학 과정은 기초 계산력을 완성시키는 단계입니다. 특히 저학년 때 연산이 차지하는 비율은 전체의 70~80%나 됩니다. 수학 성적의 차이는 머리가 아니라 수학을 얼마나 일찍 시작하느냐에 달려 있습니다. 머리가 좋은 학생이 수학을 잘 하는 것이 아니라 수학을 열심히 공부하는 학생이 머리가 좋아지는 것이죠. 수학이 싫고 어렵다고 어렸을 때부터 수학을 멀리하게 되면 중학교, 고등학교에 올라가서는 수학을 포기하게 됩니다. 수학은 어느 정도 수준에 오르기까지 많은 시간이 필요한 과목이기 때문에 비교적 여유가 있는 초등학교 때 수학의 기본을 다져놓는 것이 중요합니다.

혹시 수학 성적이 걱정되고 불안하신가요?

그렇다면 수학의 기본이 되는 계산력부터 키워주세요. 하루 10~20분씩 꾸준히 계산력을 키우게 되면 티끌 모아 태산이 되듯 수학의 기초가 튼튼해지고 수학이 재미있어질 것입니다. 어떤 문제든 기초 계산 능력이 뒷받침되어 있지 않으면 해결할 수 없습니다.
〈한 권으로 계산 끝〉 시리즈로 수학의 재미를 키워보세요. 여러분은 모두 '수학 천재'가 될 수 있습니다. 화이팅!

수학의 마술사 **차길영**

구성 및 특징

01 계산 원리 학습

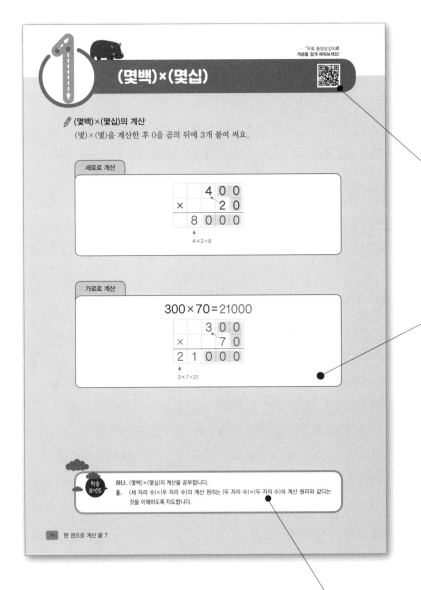

무료 동영상 강의로
계산 원리의 개념을 쉽고
정확하게 이해할 수 있습니다.

QR코드를 스마트폰으로 찍거나
www.nexusEDU.kr/math 접속

초등수학의 새 교육과정에
맞춰 연산 주제의 원리를
이해하고 연산 방법을
이끌어냅니다.

계산 원리의 학습 포인트를
통해 연산의 기초 개념 정리를
한 번에 끝낼 수 있습니다.

02 계산력 학습 및 완성

자신의 진도 목표에 따라 하루에 적당한 분량을 정해 학습합니다.
문제를 풀 때 걸리는 시간을 정확히 측정하고 기록해 보세요.
계산력 향상 Up! Up! Up!

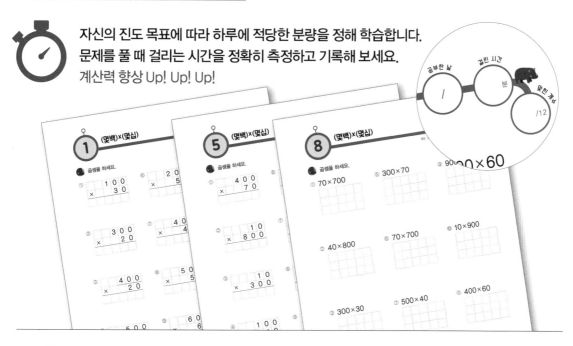

03 실력 체크

교재의 중간과 마지막에 나오는 실력 체크 문제로,
앞서 배운 4개의 강의 내용을 복습하고 다시 한 번
실력을 탄탄하게 점검할 수 있습니다.

'한 권으로 계산 끝'만의 차별화된 서비스

✓ 스마트폰으로 QR코드를 찍으면 이 모든 것이 가능해요!

1 모바일 진단평가
과연 내 연산 실력은 어떤 레벨일까요? 진단평가로 현재 실력을 확인하고 알맞은 레벨을 선택할 수 있어요.

2 무료 동영상 강의
눈에 쏙! 귀에 쏙! 들어오는 개념 설명 강의를 보면, 문제의 답이 쉽게 보인답니다.

3 초시계
자신의 문제풀이 속도를 측정하고 '걸린 시간'을 기록하는 습관은 계산 끝판왕이 되는 필수 요소예요.

4 마무리 평가
온라인에서 제공하는 별도 추가 종합 문제를 통해 학습한 내용을 복습하고 최종 실력을 확인할 수 있어요.

5 추가 문제
각 권마다 추가로 제공되는 문제로 속도력 + 정확성을 키우세요!

✓ 스마트폰이 없어도 걱정 마세요! 넥서스에듀 홈페이지로 들어오세요.

※ 진단평가, 마무리 평가의 종합문제 및 추가 문제는 홈페이지에서 다운로드 → 프린트해서 쓸 수 있어요.

www.nexusEDU.kr/math

7 자연수의 곱셈과 나눗셈 고급

초등수학 **4**학년 과정

한 권으로 계산 끝 학습계획표

하루하루 끝내기로 한 학습 분량을 마치고 학습계획표를 체크해 보세요!

2주 / 4주 / 8주 완성 학습 목표를 정한 뒤에 매일매일 체크해 보세요.
스스로 공부하는 습관이 길러지고, 수학의 기초 실력인 연산력+계산력이 쑥쑥 향상됩니다.

2주 완성

1주	1일	2일	3일	4일	5일
	1강의 1~8	2강의 1~8	3강의 1~8	4강의 1~8	실력체크 중간 점검
	✔완료	완료	완료	완료	완료

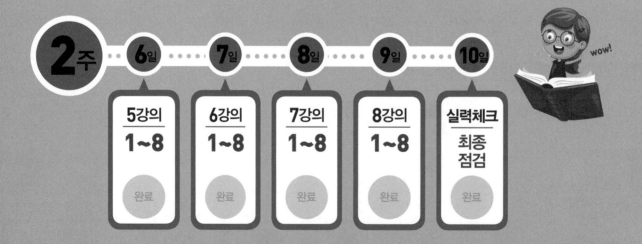

2주	6일	7일	8일	9일	10일
	5강의 1~8	6강의 1~8	7강의 1~8	8강의 1~8	실력체크 최종 점검
	완료	완료	완료	완료	완료

wow!

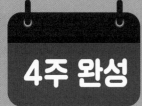

Study Plans

4주 완성

1주 ···· **1일** ···· **2일** ···· **3일** ···· **4일** ···· **5일**

| 1강의 1~4 완료 | 1강의 5~8 완료 | 2강의 1~4 완료 | 2강의 5~8 완료 | 3강의 1~4 완료 |

2주 ···· **6일** ···· **7일** ···· **8일** ···· **9일** ···· **10일**

| 3강의 5~8 완료 | 4강의 1~4 완료 | 4강의 5~8 완료 | 실력체크 중간 점검 1~2 완료 | 실력체크 중간 점검 3~4 완료 |

3주 ···· **11일** ···· **12일** ···· **13일** ···· **14일** ···· **15일**

| 5강의 1~4 완료 | 5강의 5~8 완료 | 6강의 1~4 완료 | 6강의 5~8 완료 | 7강의 1~4 완료 |

4주 ···· **16일** ···· **17일** ···· **18일** ···· **19일** ···· **20일**

| 7강의 5~8 완료 | 8강의 1~4 완료 | 8강의 5~8 완료 | 실력체크 최종 점검 5~6 완료 | 실력체크 최종 점검 7~8 완료 |

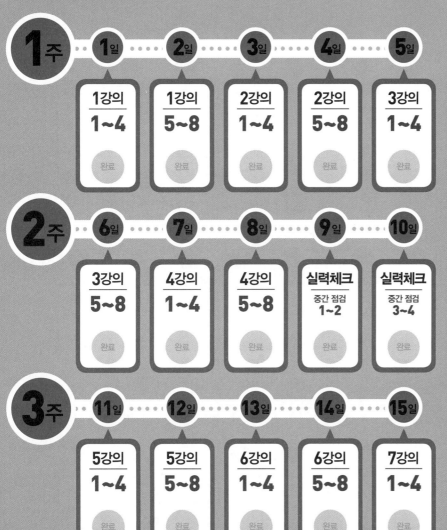

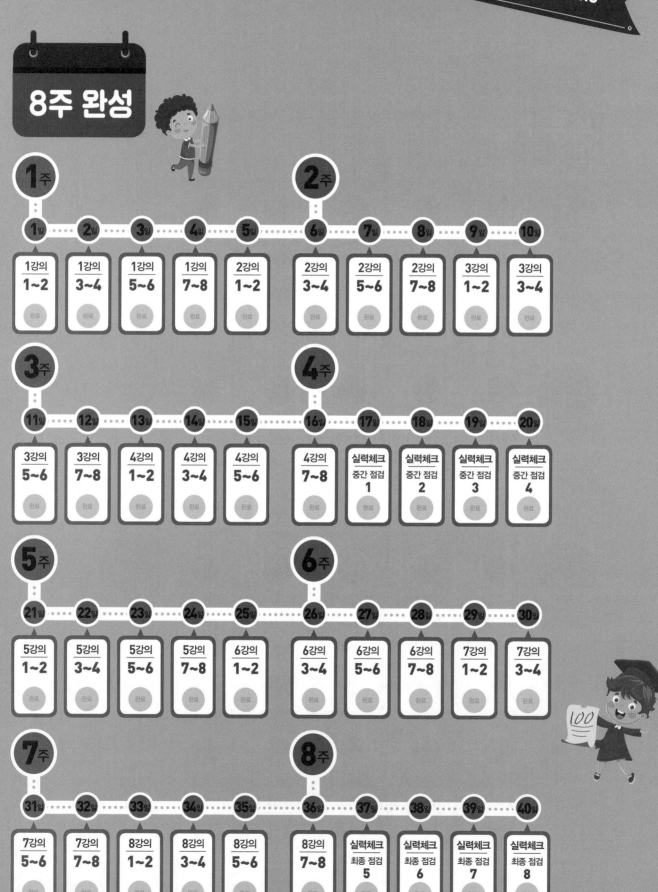

8주 완성

1주

1일	2일	3일	4일	5일	6일	7일	8일	9일	10일

| 1강의 1~2 | 1강의 3~4 | 1강의 5~6 | 1강의 7~8 | 2강의 1~2 | 2강의 3~4 | 2강의 5~6 | 2강의 7~8 | 3강의 1~2 | 3강의 3~4 |
| 완료 | 완료 | 완료 | 완료 | 완료 | 완료 | 완료 | 완료 | 완료 | 완료 |

2주

3주

11일	12일	13일	14일	15일	16일	17일	18일	19일	20일

| 3강의 5~6 | 3강의 7~8 | 4강의 1~2 | 4강의 3~4 | 4강의 5~6 | 4강의 7~8 | 실력체크 중간 점검 1 | 실력체크 중간 점검 2 | 실력체크 중간 점검 3 | 실력체크 중간 점검 4 |
| 완료 | 완료 | 완료 | 완료 | 완료 | 완료 | 완료 | 완료 | 완료 | 완료 |

4주

5주

21일	22일	23일	24일	25일	26일	27일	28일	29일	30일

| 5강의 1~2 | 5강의 3~4 | 5강의 5~6 | 5강의 7~8 | 6강의 1~2 | 6강의 3~4 | 6강의 5~6 | 6강의 7~8 | 7강의 1~2 | 7강의 3~4 |
| 완료 | 완료 | 완료 | 완료 | 완료 | 완료 | 완료 | 완료 | 완료 | 완료 |

6주

7주

31일	32일	33일	34일	35일	36일	37일	38일	39일	40일

| 7강의 5~6 | 7강의 7~8 | 8강의 1~2 | 8강의 3~4 | 8강의 5~6 | 8강의 7~8 | 실력체크 최종 점검 5 | 실력체크 최종 점검 6 | 실력체크 최종 점검 7 | 실력체크 최종 점검 8 |
| 완료 | 완료 | 완료 | 완료 | 완료 | 완료 | 완료 | 완료 | 완료 | 완료 |

8주

자연수의
곱셈과 나눗셈
고급

4학년 과정

무료 동영상 강의로
개념을 쉽게 배워보세요!

(몇백)×(몇십)

✏️ (몇백)×(몇십)의 계산

(몇)×(몇)을 계산한 후 0을 곱의 뒤에 3개 붙여 써요.

세로로 계산

```
        4 0 0
  ×       2 0
    8 0 0 0
```

↑
4×2=8

가로로 계산

$$300 \times 70 = 21000$$

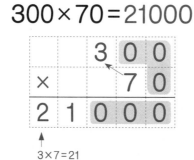

```
        3 0 0
  ×       7 0
  2 1 0 0 0
```

↑
3×7=21

학습 포인트

하나. (몇백)×(몇십)의 계산을 공부합니다.

둘. (세 자리 수)×(두 자리 수)의 계산 원리는 (두 자리 수)×(두 자리 수)의 계산 원리와 같다는 것을 이해하도록 지도합니다.

1 (몇백)×(몇십)

곱셈을 하세요.

①
```
    1 0 0
×     3 0
```

②
```
    3 0 0
×     2 0
```

③
```
    4 0 0
×     2 0
```

④
```
    5 0 0
×     3 0
```

⑤
```
    6 0 0
×     7 0
```

⑥
```
    2 0 0
×     5 0
```

⑦
```
    4 0 0
×     4 0
```

⑧
```
    5 0 0
×     5 0
```

⑨
```
    6 0 0
×     6 0
```

⑩
```
    7 0 0
×     4 0
```

⑪
```
    4 0 0
×     8 0
```

⑫
```
    5 0 0
×     6 0
```

⑬
```
    6 0 0
×     9 0
```

⑭
```
    7 0 0
×     5 0
```

⑮
```
    8 0 0
×     8 0
```

2 (몇백)×(몇십)

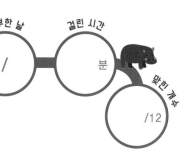

정답: p.2

곱셈을 하세요.

① 300×40

⑤ 900×20

⑨ 500×40

② 300×20

⑥ 800×50

⑩ 600×80

③ 700×70

⑦ 300×30

⑪ 400×50

④ 900×10

⑧ 200×60

⑫ 700×90

3 (몇백)×(몇십)

공부한 날

/

걸린 시간

분

맞힌 개수

/15

정답: p.2

● 곱셈을 하세요.

①
```
    1 0 0
×     6 0
```

②
```
      3 0
×   9 0 0
```

③
```
      3 0
×   4 0 0
```

④
```
    2 0 0
×     9 0
```

⑤
```
    4 0 0
×     5 0
```

⑥
```
    3 0 0
×     5 0
```

⑦
```
      5 0
×   7 0 0
```

⑧
```
      4 0
×   6 0 0
```

⑨
```
    5 0 0
×     2 0
```

⑩
```
    6 0 0
×     8 0
```

⑪
```
    8 0 0
×     4 0
```

⑫
```
      7 0
×   3 0 0
```

⑬
```
      7 0
×   5 0 0
```

⑭
```
    7 0 0
×     1 0
```

⑮
```
    9 0 0
×     6 0
```

4 (몇백)×(몇십)

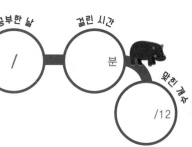

정답: p.2

 곱셈을 하세요.

① 500×80

⑤ 700×40

⑨ 20×800

② 80×400

⑥ 30×700

⑩ 60×600

③ 300×90

⑦ 600×10

⑪ 500×20

④ 800×90

⑧ 200×50

⑫ 900×40

곱셈을 하세요.

①
```
      4 0 0
  ×    7 0
```

⑥
```
      6 0 0
  ×    2 0
```

⑪
```
      7 0 0
  ×    9 0
```

②
```
      1 0
  ×  8 0 0
```

⑦
```
      6 0
  ×  6 0 0
```

⑫
```
      9 0
  ×  5 0 0
```

③
```
      1 0
  ×  3 0 0
```

⑧
```
      5 0
  ×  4 0 0
```

⑬
```
      9 0
  ×  8 0 0
```

④
```
      1 0 0
  ×    4 0
```

⑨
```
      2 0 0
  ×    8 0
```

⑭
```
      3 0 0
  ×    6 0
```

⑤
```
      4 0 0
  ×    7 0
```

⑩
```
      7 0 0
  ×    3 0
```

⑮
```
      9 0 0
  ×    2 0
```

6 (몇백)×(몇십)

공부한 날 /
걸린 시간 분
맞힌 개수 /12

정답: p.2

곱셈을 하세요.

① 700×80

② 60×400

③ 400×20

④ 600×90

⑤ 400×40

⑥ 90×800

⑦ 900×40

⑧ 500×80

⑨ 30×400

⑩ 40×700

⑪ 200×90

⑫ 700×50

7 (몇백)×(몇십)

공부한 날
/

걸린 시간
분

맞힌 개수
/15

정답: p.2

곱셈을 하세요.

①
```
      2 0 0
×       6 0
```

②
```
        4 0
×     2 0 0
```

③
```
        2 0
×     5 0 0
```

④
```
      2 0 0
×       6 0
```

⑤
```
      7 0 0
×       4 0
```

⑥
```
      5 0 0
×       9 0
```

⑦
```
        5 0
×     3 0 0
```

⑧
```
        5 0
×     7 0 0
```

⑨
```
      4 0 0
×       1 0
```

⑩
```
      8 0 0
×       9 0
```

⑪
```
      9 0 0
×       3 0
```

⑫
```
        8 0
×     5 0 0
```

⑬
```
        8 0
×     9 0 0
```

⑭
```
      6 0 0
×       7 0
```

⑮
```
      9 0 0
×       3 0
```

8 (몇백)×(몇십)

 곱셈을 하세요.

① 70×700

⑤ 300×70

⑨ 900×60

② 40×800

⑥ 70×700

⑩ 10×900

③ 300×30

⑦ 500×40

⑪ 400×60

④ 900×90

⑧ 800×80

⑫ 600×50

2 (몇백)×(몇십몇)

✏️ (몇백)×(몇십몇)의 계산

(몇백)×(몇)과 (몇백)×(몇십)을 각각 계산한 후 두 곱의 결과를 더해요.

세로로 계산

$$
\begin{array}{r}
3\ 0\ 0 \\
\times\quad 4\ 1 \\
\hline
3\ 0\ 0 \\
1\ 2\ 0\ 0\ 0 \\
\hline
1\ 2\ 3\ 0\ 0 \\
\end{array}
$$

← 300×1=300
← 300×40=12000
← 300+12000=12300

가로로 계산

$$500 \times 67 = 33500$$

$$
\begin{array}{r}
5\ 0\ 0 \\
\times\quad 6\ 7 \\
\hline
3\ 5\ 0\ 0 \\
3\ 0\ 0\ 0\ 0 \\
\hline
3\ 3\ 5\ 0\ 0 \\
\end{array}
$$

학습 포인트

하나. (몇백)×(몇십몇)의 계산을 공부합니다.

둘. (세 자리 수)×(두 자리 수)의 계산 원리는 (두 자리 수)×(두 자리 수)의 계산 원리와 같다는 것을 이해하도록 지도합니다.

1 (몇백)×(몇십몇)

곱셈을 하세요.

①
```
    1 0 0
  ×   1 3
```

②
```
    2 0 0
  ×   2 4
```

③
```
    3 0 0
  ×   2 3
```

④
```
    4 0 0
  ×   3 2
```

⑤
```
    2 0 0
  ×   3 9
```

⑥
```
    4 0 0
  ×   4 2
```

⑦
```
    5 0 0
  ×   1 4
```

⑧
```
    6 0 0
  ×   2 7
```

⑨
```
    4 0 0
  ×   4 3
```

⑩
```
    5 0 0
  ×   1 9
```

⑪
```
    6 0 0
  ×   4 5
```

⑫
```
    7 0 0
  ×   5 1
```

2 (몇백)×(몇십몇)

정답: p.3

 곱셈을 하세요.

① 200×41

⑤ 900×23

⑨ 500×42

② 300×24

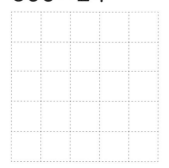

⑥ 800×57

⑩ 600×55

③ 700×34

⑦ 300×28

⑪ 500×43

④ 900×17

⑧ 200×49

⑫ 700×32

3

(몇백)×(몇십몇)

공부한 날

걸린 시간

/

분

맞힌 개수

/12

정답: p.3

🐻 곱셈을 하세요.

①
```
      2 0 0
  ×     1 6
```

②
```
      3 0 0
  ×     2 5
```

③
```
      4 0 0
  ×     5 2
```

④
```
      5 0 0
  ×     3 8
```

⑤
```
      2 0 0
  ×     2 8
```

⑥
```
      4 0 0
  ×     3 2
```

⑦
```
      5 0 0
  ×     5 7
```

⑧
```
      7 0 0
  ×     7 3
```

⑨
```
      4 0 0
  ×     3 4
```

⑩
```
      5 0 0
  ×     6 3
```

⑪
```
      8 0 0
  ×     4 8
```

⑫
```
      9 0 0
  ×     7 1
```

4 (몇백)×(몇십몇)

 곱셈을 하세요.

① 400×32

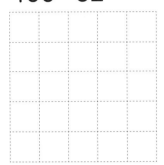

② 600×67

③ 300×72

④ 900×26

⑤ 100×27

⑥ 500×48

⑦ 200×28

⑧ 800×76

⑨ 400×38

⑩ 800×58

⑪ 500×19

⑫ 700×61

🐷 곱셈을 하세요.

①
```
      1 0 0
  ×     2 5
```

②
```
      3 0 0
  ×     3 1
```

③
```
      4 0 0
  ×     7 3
```

④
```
      6 0 0
  ×     6 6
```

⑤
```
      2 0 0
  ×     6 8
```

⑥
```
      5 0 0
  ×     3 7
```

⑦
```
      6 0 0
  ×     8 3
```

⑧
```
      8 0 0
  ×     4 9
```

⑨
```
      5 0 0
  ×     8 2
```

⑩
```
      6 0 0
  ×     1 4
```

⑪
```
      7 0 0
  ×     5 2
```

⑫
```
      9 0 0
  ×     6 4
```

6 (몇백)×(몇십몇)

 곱셈을 하세요.

① 500×87

⑤ 900×74

⑨ 600×44

② 200×25

⑥ 800×31

⑩ 900×39

③ 800×47

⑦ 100×83

⑪ 200×78

④ 500×16

⑧ 300×56

⑫ 600×24

7 (몇백)×(몇십몇)

● 곱셈을 하세요.

①
```
    2 0 0
×     2 6
```

⑤
```
    3 0 0
×     4 7
```

⑨
```
    6 0 0
×     3 4
```

②
```
    4 0 0
×     6 8
```

⑥
```
    5 0 0
×     8 1
```

⑩
```
    7 0 0
×     9 4
```

③
```
    5 0 0
×     9 6
```

⑦
```
    6 0 0
×     5 3
```

⑪
```
    8 0 0
×     1 7
```

④
```
    6 0 0
×     8 5
```

⑧
```
    7 0 0
×     8 9
```

⑫
```
    9 0 0
×     7 7
```

8 (몇백)×(몇십몇)

정답: p.3

 곱셈을 하세요.

① 600×58

⑤ 400×29

⑨ 900×57

② 400×19

⑥ 500×42

⑩ 700×48

③ 300×37

⑦ 200×92

⑪ 600×74

④ 900×65

⑧ 600×36

⑫ 500×85

(세 자리 수)×(두 자리 수)

✏️ **(세 자리 수)×(두 자리 수)의 계산**

(세 자리 수)×(몇)과 (세 자리 수)×(몇십)을 각각 계산한 후 두 곱의 결과를 더해요.

세로로 계산

```
      1 3 2
  ×     2 4
      5 2 8   ← 132×4=528
  2 6 4 0     ← 132×20=2640
  3 1 6 8     ← 528+2640
                =3168
```

```
        2 4
  ×   1 3 2
        4 8   ← 24×2=48
      7 2 0   ← 24×30=720
  2 4 0 0     ← 24×100=2400
  3 1 6 8     ← 48+720+2400
                =3168
```

가로로 계산

269×73=19637

```
      2 6 9
  ×     7 3
      8 0 7
  1 8 8 3 0
  1 9 6 3 7
```

73×269=19637

```
        7 3
  ×   2 6 9
      6 5 7
    4 3 8 0
  1 4 6 0 0
  1 9 6 3 7
```

하나. (세 자리 수)×(두 자리 수)의 계산을 공부합니다.

둘. 세로 형식으로 계산할 때 세 자리 수의 일의 자리와 두 자리 수의 일의 자리를 맞추어
계산하도록 지도합니다.

1   (세 자리 수)×(두 자리 수)

공부한 날   걸린 시간

/   분

정답: p.4

맞힌 개수

/12

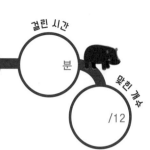

🐻 곱셈을 하세요.

①
```
    1 5 8
×     4 7
```

⑤
```
    5 7 4
×     6 3
```

⑨
```
    6 9 1
×     5 2
```

②
```
    2 4 3
×     3 6
```

⑥
```
    6 1 5
×     2 8
```

⑩
```
    8 3 2
×     1 4
```

③
```
      1 9
×   3 2 7
```

⑦
```
      3 1
×   9 4 6
```

⑪
```
      5 6
×   1 8 4
```

④
```
      2 3
×   4 0 2
```

⑧
```
      3 4
×   3 6 2
```

⑫
```
      7 2
×   7 2 8
```

2 (세 자리 수)×(두 자리 수)

 곱셈을 하세요.

① 364×79

④ 178×42

⑦ 672×57

② 245×68

⑤ 713×39

⑧ 457×26

③ 25×592

⑥ 16×734

⑨ 83×117

● 곱셈을 하세요.

①
```
    2 7 4
 ×    3 5
```

②
```
    3 6 7
 ×    2 4
```

③
```
      1 7
 ×  5 1 8
```

④
```
      2 5
 ×  1 6 9
```

⑤
```
    4 2 9
 ×    5 3
```

⑥
```
    6 8 5
 ×    9 7
```

⑦
```
      2 9
 ×  8 4 3
```

⑧
```
      3 8
 ×  4 7 6
```

⑨
```
    7 4 3
 ×    6 2
```

⑩
```
    9 3 8
 ×    1 1
```

⑪
```
      5 4
 ×  2 5 2
```

⑫
```
      8 2
 ×  5 3 6
```

4 (세 자리 수)×(두 자리 수)

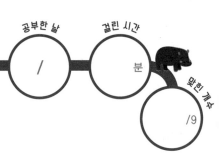

정답: p.4

 곱셈을 하세요.

① 258×43

④ 342×29

⑦ 923×56

② 512×74

⑤ 794×87

⑧ 486×65

③ 32×270

⑥ 91×686

⑨ 78×352

5 (세 자리 수)×(두 자리 수)

공부한 날

걸린 시간

분

맞힌 개수

/12

정답: p.4

곱셈을 하세요.

① 　　1 3 4
　×　　　6 7

② 　　6 2 4
　×　　　4 6

③ 　　　　2 2
　×　　4 3 9

④ 　　　　5 9
　×　　3 7 8

⑤ 　　4 8 9
　×　　　1 8

⑥ 　　8 6 6
　×　　　2 7

⑦ 　　　　3 7
　×　　2 6 3

⑧ 　　　　6 3
　×　　5 4 5

⑨ 　　5 7 6
　×　　　3 2

⑩ 　　9 4 7
　×　　　8 4

⑪ 　　　　4 5
　×　　7 2 6

⑫ 　　　　9 6
　×　　6 7 1

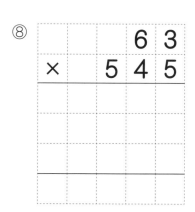

6 (세 자리 수)×(두 자리 수)

공부한 날 / 걸린 시간 분 맞힌 개수 /9

정답: p.4

 곱셈을 하세요.

① 582×16

④ 934×89

⑦ 729×48

② 397×64

⑤ 676×55

⑧ 256×73

③ 21×473

⑥ 98×264

⑨ 32×826

38 한 권으로 계산 끝 7

7 (세 자리 수)×(두 자리 수)

공부한 날

/

걸린 시간

분

맞힌 개수

/12

정답: p.4

● 곱셈을 하세요.

①
$$
\begin{array}{r}
3\ 4\ 8 \\
\times \quad\quad 2\ 6 \\
\hline
\end{array}
$$

⑤
$$
\begin{array}{r}
4\ 7\ 9 \\
\times \quad\quad 1\ 8 \\
\hline
\end{array}
$$

⑨
$$
\begin{array}{r}
5\ 2\ 7 \\
\times \quad\quad 9\ 4 \\
\hline
\end{array}
$$

②
$$
\begin{array}{r}
6\ 8\ 4 \\
\times \quad\quad 4\ 9 \\
\hline
\end{array}
$$

⑥
$$
\begin{array}{r}
7\ 0\ 8 \\
\times \quad\quad 3\ 5 \\
\hline
\end{array}
$$

⑩
$$
\begin{array}{r}
9\ 5\ 4 \\
\times \quad\quad 7\ 8 \\
\hline
\end{array}
$$

③
$$
\begin{array}{r}
3\ 9 \\
\times \quad 2\ 2\ 6 \\
\hline
\end{array}
$$

⑦
$$
\begin{array}{r}
4\ 7 \\
\times \quad 9\ 6\ 5 \\
\hline
\end{array}
$$

⑪
$$
\begin{array}{r}
6\ 5 \\
\times \quad 4\ 3\ 7 \\
\hline
\end{array}
$$

④
$$
\begin{array}{r}
8\ 2 \\
\times \quad 1\ 3\ 8 \\
\hline
\end{array}
$$

⑧
$$
\begin{array}{r}
8\ 6 \\
\times \quad 3\ 9\ 2 \\
\hline
\end{array}
$$

⑫
$$
\begin{array}{r}
9\ 3 \\
\times \quad 4\ 8\ 8 \\
\hline
\end{array}
$$

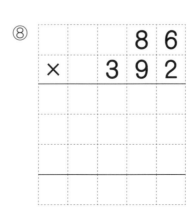

8 (세 자리 수)×(두 자리 수)

공부한 날 /

걸린 시간 분

맞힌 개수 /9

곱셈을 하세요.

① 432×23

② 979×16

③ 62×157

④ 760×54

⑤ 547×39

⑥ 99×847

⑦ 376×85

⑧ 653×42

⑨ 74×381

나누어떨어지는
(두 자리 수)÷(두 자리 수)

✏️ **나누어떨어지는 (두 자리 수)÷(두 자리 수)의 계산**

나누는 수와 나누어지는 수를 몇십으로 어림하면 몫을 예상하기 쉬워요.

이때 나누는 수와 몫의 곱은 나누어지는 수보다 크지 않아야 해요.

```
        3
  1 2 ) 4 8
        3 6
        1 2
```
나머지가 나누는 수와
같아요.

→ 몫을 1
크게 해요. →

```
        4
  1 2 ) 4 8
        4 8
          0
```

← 몫을 1
작게 해요. ←

```
        5
  1 2 ) 4 8
        6 0
```
뺄 수 없어요.

세로로 계산

```
          2
    1 3 ) 2 6
          2 6  ← 13×2=26
            0
```

가로로 계산

$$72 \div 24 = 3$$

```
          3
    2 4 ) 7 2
          7 2
            0
```

하나. 나누어떨어지는 (두 자리 수)÷(두 자리 수)의 계산을 공부합니다.

둘. 나누는 수가 두 자리 수일 경우 몫을 예상하는 데 어려움을 느낄 수 있습니다. 자신이 예상한
몫을 이용하여 나눗셈을 해 보게 합니다. 그렇게 함으로써 자신의 예상이 적절한지 판단해 보는
많은 시행착오를 거치다 보면 몫을 쉽게 구할 수 있습니다.

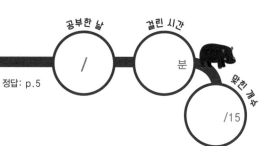
 나눗셈을 하세요.

① 1 0) 3 0

⑥ 1 5) 4 5

⑪ 2 6) 7 8

② 1 2) 2 4

⑦ 1 7) 6 8

⑫ 3 1) 6 2

③ 1 3) 3 9

⑧ 1 9) 5 7

⑬ 3 7) 7 4

④ 1 3) 5 2

⑨ 2 2) 4 4

⑭ 4 3) 8 6

⑤ 1 4) 7 0

⑩ 2 4) 4 8

⑮ 4 6) 9 2

2 나누어떨어지는
(두 자리 수)÷(두 자리 수)

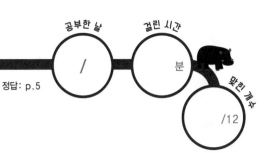

정답: p.5

 나눗셈을 하세요.

① 30÷15

⑤ 66÷33

⑨ 36÷12

② 84÷28

⑥ 82÷41

⑩ 64÷16

③ 96÷48

⑦ 72÷18

⑪ 78÷39

④ 56÷14

⑧ 81÷27

⑫ 60÷10

4. 나누어떨어지는 (두 자리 수)÷(두 자리 수)   43

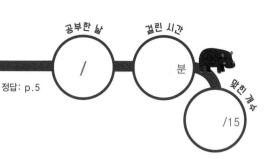

3 나누어떨어지는 (두 자리 수)÷(두 자리 수)

정답: p.5

나눗셈을 하세요.

① 1 1) 4 4

② 1 2) 6 0

③ 1 4) 2 8

④ 1 4) 4 2

⑤ 1 5) 7 5

⑥ 1 6) 3 2

⑦ 1 6) 8 0

⑧ 1 8) 5 4

⑨ 2 0) 4 0

⑩ 2 3) 6 9

⑪ 2 7) 5 4

⑫ 3 4) 6 8

⑬ 3 8) 7 6

⑭ 4 2) 8 4

⑮ 4 5) 9 0

4

나누어떨어지는
(두 자리 수)÷(두 자리 수)

공부한 날

걸린 시간

분

맞힌 개수

/12

정답: p.5

 나눗셈을 하세요.

① 68÷17

⑤ 72÷24

⑨ 48÷12

② 55÷11

⑥ 60÷15

⑩ 96÷32

③ 86÷43

⑦ 52÷26

⑪ 84÷14

④ 70÷35

⑧ 38÷19

⑫ 92÷46

5

나누어떨어지는
(두 자리 수)÷(두 자리 수)

공부한 날
/

걸린 시간
분

맞힌 개수
/15

정답: p.5

● 나눗셈을 하세요.

① 10)50

⑥ 13)91

⑪ 16)48

② 17)51

⑦ 18)90

⑫ 19)76

③ 21)84

⑧ 23)46

⑬ 25)75

④ 29)87

⑨ 31)93

⑭ 36)72

⑤ 39)78

⑩ 47)94

⑮ 48)96

6

나누어떨어지는
(두 자리 수)÷(두 자리 수)

정답: p.5

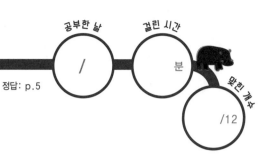

공부한 날
/

걸린 시간
분

맞힌 개수
/12

🐻 나눗셈을 하세요.

① 56÷28

⑤ 60÷30

⑨ 76÷19

② 64÷16

⑥ 99÷33

⑩ 63÷21

③ 70÷14

⑦ 94÷47

⑪ 96÷12

④ 26÷13

⑧ 90÷45

⑫ 54÷18

7

나누어떨어지는
(두 자리 수)÷(두 자리 수)

🍪 나눗셈을 하세요.

① 11)77

② 15)90

③ 23)92

④ 29)58

⑤ 37)74

⑥ 12)36

⑦ 17)85

⑧ 26)52

⑨ 30)90

⑩ 41)82

⑪ 13)65

⑫ 19)57

⑬ 28)84

⑭ 32)64

⑮ 49)98

8

나누어떨어지는
(두 자리 수)÷(두 자리 수)

공부한 날

걸린 시간

맞힌 개수

/

분

/12

정답: p.5

 나눗셈을 하세요.

① 93÷31

⑤ 90÷18

⑨ 75÷25

② 96÷48

⑥ 85÷17

⑩ 88÷22

③ 72÷12

⑦ 86÷43

⑪ 60÷15

④ 39÷13

⑧ 64÷32

⑫ 98÷14

실력 체크

중간 점검

실력 체크

1-A (몇백)×(몇십)

공부한 날	월	일
걸린 시간	분	초
맞힌 개수		/15

정답: p.6

 곱셈을 하세요.

①
```
      7 0 0
  ×     6 0
```

②
```
      9 0 0
  ×     1 0
```

③
```
      4 0 0
  ×     3 0
```

④
```
      9 0 0
  ×     5 0
```

⑤
```
      4 0 0
  ×     2 0
```

⑥
```
      9 0 0
  ×     8 0
```

⑦
```
      7 0 0
  ×     3 0
```

⑧
```
      5 0 0
  ×     9 0
```

⑨
```
      5 0 0
  ×     8 0
```

⑩
```
      7 0 0
  ×     2 0
```

⑪
```
      3 0 0
  ×     9 0
```

⑫
```
      4 0 0
  ×     8 0
```

⑬
```
      7 0 0
  ×     6 0
```

⑭
```
      8 0 0
  ×     6 0
```

⑮
```
      3 0 0
  ×     4 0
```

1-B (몇백)×(몇십)

공부한 날	월	일
걸린 시간	분	초
맞힌 개수		/12

정답: p.6

 곱셈을 하세요.

① 900×40

⑤ 500×70

⑨ 900×60

② 800×10

⑥ 400×50

⑩ 900×20

③ 600×80

⑦ 700×90

⑪ 300×20

④ 900×90

⑧ 400×60

⑫ 800×70

실력 체크

2-A (몇백)×(몇십몇)

공부한 날	월	일
걸린 시간	분	초
맞힌 개수		/12

정답: p.6

 곱셈을 하세요.

①
```
    2 0 0
×     9 3
```

⑤
```
    3 0 0
×     4 9
```

⑨
```
    7 0 0
×     2 5
```

②
```
    6 0 0
×     5 3
```

⑥
```
    9 0 0
×     3 7
```

⑩
```
    8 0 0
×     5 6
```

③
```
    4 0 0
×     1 6
```

⑦
```
    1 0 0
×     7 4
```

⑪
```
    5 0 0
×     8 2
```

④
```
    8 0 0
×     4 8
```

⑧
```
    6 0 0
×     9 7
```

⑫
```
    3 0 0
×     6 8
```

실력 체크

2-B (몇백)×(몇십몇)

공부한 날	월	일
걸린 시간	분	초
맞힌 개수		/12

정답: p.6

곱셈을 하세요.

① 900×16

② 100×73

③ 500×48

④ 800×95

⑤ 200×61

⑥ 600×27

⑦ 400×83

⑧ 700×49

⑨ 300×15

⑩ 800×62

⑪ 900×37

⑫ 300×94

3-A (세 자리 수)×(두 자리 수)

공부한 날	월	일
걸린 시간	분	초
맞힌 개수		/12

정답: p.7

 곱셈을 하세요.

①
```
    4 4 7
×     1 9
```

②
```
    2 8 6
×     3 3
```

③
```
      3 7
×   2 3 9
```

④
```
      9 5
× 1 4 4
```

⑤
```
    8 2 3
×     5 7
```

⑥
```
    5 3 4
×     7 2
```

⑦
```
      2 8
×   6 4 9
```

⑧
```
      4 1
×   5 8 6
```

⑨
```
    9 7 5
×     2 6
```

⑩
```
    7 5 8
×     4 9
```

⑪
```
      8 3
×   6 5 7
```

⑫
```
      5 2
×   7 6 2
```

공부한 날	월	일
걸린 시간	분	초

3-B (세 자리 수)×(두 자리 수)

공부한 날	월	일
걸린 시간	분	초
맞힌 개수		/9

정답: p.7

 곱셈을 하세요.

① 563×14

④ 931×69

⑦ 674×85

② 835×47

⑤ 349×38

⑧ 472×56

③ 44×217

⑥ 83×769

⑨ 57×468

나누어떨어지는
(두 자리 수)÷(두 자리 수)

공부한 날	월	일
걸린 시간	분	초
맞힌 개수		/15

정답: p.7

🍪 나눗셈을 하세요.

① 1 3) 7 8

② 1 1) 2 2

③ 2 4) 4 8

④ 3 1) 6 2

⑤ 1 0) 8 0

⑥ 2 9) 8 7

⑦ 2 6) 7 8

⑧ 1 9) 9 5

⑨ 4 2) 8 4

⑩ 1 8) 7 2

⑪ 1 7) 3 4

⑫ 1 2) 9 6

⑬ 3 4) 6 8

⑭ 1 5) 4 5

⑮ 4 7) 9 4

나누어떨어지는
(두 자리 수)÷(두 자리 수)

공부한 날	월	일
걸린 시간	분	초
맞힌 개수		/12

정답: p.7

 나눗셈을 하세요.

① 75÷15

⑤ 50÷25

⑨ 52÷13

② 92÷46

⑥ 98÷49

⑩ 87÷29

③ 84÷12

⑦ 81÷27

⑪ 84÷28

④ 90÷30

⑧ 76÷38

⑫ 98÷14

나누어떨어지지 않는
(두 자리 수)÷(두 자리 수)

✏️ **나누어떨어지지 않는 (두 자리 수)÷(두 자리 수)의 계산**

나누는 수와 몫의 곱이 나누어지는 수보다 크지 않으며 나누어지는 수에 가장 가깝도록
몫을 구해요. 나누어떨어지지 않을 때, 나머지는 나누는 수보다 항상 작아야 해요.

```
        2
  1 7 ) 6 5
      3 4
      3 1
```
나머지가 나누는 수보다 커요.

→ 몫을 1 크게 해요.

```
        3
  1 7 ) 6 5
      5 1
      1 4
```

← 몫을 1 작게 해요.

```
        4
  1 7 ) 6 5
      6 8
```
뺄 수 없어요.

세로로 계산

```
          5
  1 4 ) 7 8
      7 0   ← 14×5=70
        8   ← 78-70=8
```

가로로 계산

$$96 \div 21 = 4 \cdots 12$$

```
          4
  2 1 ) 9 6
      8 4
      1 2
```

하나. 나누어떨어지지 않는 (두 자리 수) ÷ (두 자리 수)의 계산을 공부합니다.

둘. 나머지가 나누는 수보다 작은지 확인하는 습관을 가지도록 지도합니다.

나누어떨어지지 않는
(두 자리 수)÷(두 자리 수)

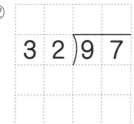
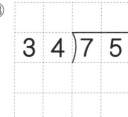
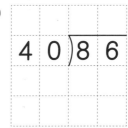
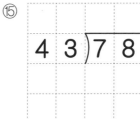

나눗셈을 하세요.

① 1 0) 3 7

② 1 1) 5 3

③ 1 2) 6 6

④ 1 4) 6 1

⑤ 1 5) 5 6

⑥ 1 6) 5 8

⑦ 1 8) 4 9

⑧ 2 1) 6 5

⑨ 2 3) 4 8

⑩ 2 4) 7 0

⑪ 2 7) 6 2

⑫ 3 2) 9 7

⑬ 3 4) 7 5

⑭ 4 0) 8 6

⑮ 4 3) 7 8

2

나누어떨어지지 않는
(두 자리 수)÷(두 자리 수)

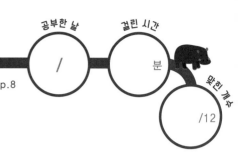

정답: p.8

공부한 날
/

걸린 시간
분

맞힌 개수
/12

 나눗셈을 하세요.

① 65÷26

⑤ 62÷17

⑨ 56÷12

② 61÷35

⑥ 57÷21

⑩ 74÷30

③ 54÷10

⑦ 72÷23

⑪ 59÷28

④ 81÷15

⑧ 92÷42

⑫ 40÷13

3 나누어떨어지지 않는
(두 자리 수)÷(두 자리 수)

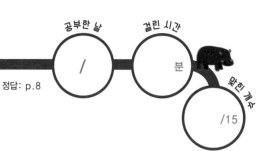

정답: p.8

 나눗셈을 하세요.

① 1 1) 7 0

② 1 3) 6 9

③ 1 4) 5 4

④ 1 6) 7 8

⑤ 1 7) 4 9

⑥ 1 8) 6 6

⑦ 1 9) 4 1

⑧ 2 0) 6 7

⑨ 2 2) 5 2

⑩ 2 5) 7 7

⑪ 2 9) 5 3

⑫ 3 1) 6 8

⑬ 3 8) 8 5

⑭ 4 5) 8 3

⑮ 4 7) 9 8

나누어떨어지지 않는
(두 자리 수)÷(두 자리 수)

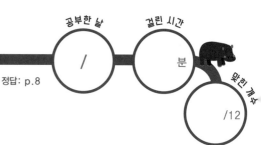

정답: p.8

 나눗셈을 하세요.

① 64÷13

② 78÷22

③ 73÷24

④ 54÷26

⑤ 69÷28

⑥ 81÷19

⑦ 55÷17

⑧ 97÷31

⑨ 58÷11

⑩ 69÷27

⑪ 87÷43

⑫ 49÷16

5 나누어떨어지지 않는
(두 자리 수)÷(두 자리 수)

공부한 날
/

걸린 시간
분

맞힌 개수
/15

정답: p.8

 나눗셈을 하세요.

①
$$12)\overline{71}$$

②
$$18)\overline{60}$$

③
$$21)\overline{87}$$

④
$$28)\overline{81}$$

⑤
$$39)\overline{55}$$

⑥
$$14)\overline{78}$$

⑦
$$19)\overline{66}$$

⑧
$$24)\overline{82}$$

⑨
$$33)\overline{79}$$

⑩
$$42)\overline{96}$$

⑪
$$15)\overline{63}$$

⑫
$$20)\overline{59}$$

⑬
$$26)\overline{93}$$

⑭
$$37)\overline{75}$$

⑮
$$48)\overline{84}$$

6 나누어떨어지지 않는 (두 자리 수)÷(두 자리 수)

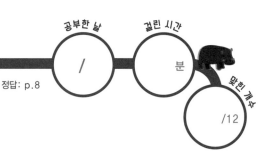

정답: p.8

 나눗셈을 하세요.

① 83÷13

② 72÷35

③ 68÷14

④ 88÷26

⑤ 89÷47

⑥ 66÷23

⑦ 76÷18

⑧ 93÷44

⑨ 64÷28

⑩ 70÷32

⑪ 63÷20

⑫ 98÷15

7

나누어떨어지지 않는
(두 자리 수)÷(두 자리 수)

정답: p.8

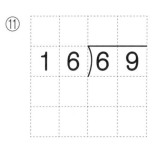

● 나눗셈을 하세요.

① 1 2) 7 7

② 1 7) 8 0

③ 2 3) 8 2
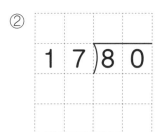

④ 2 9) 7 3

⑤ 3 8) 8 6

⑥ 1 5) 7 2
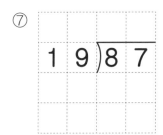

⑦ 1 9) 8 7
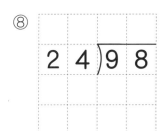

⑧ 2 4) 9 8

⑨ 3 0) 8 4
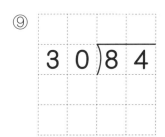

⑩ 4 6) 9 6

⑪ 1 6) 6 9
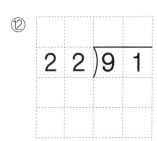

⑫ 2 2) 9 1

⑬ 2 7) 8 9
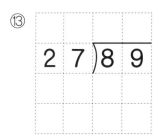

⑭ 3 1) 9 5

⑮ 4 9) 9 9

8

나누어떨어지지 않는
(두 자리 수)÷(두 자리 수)

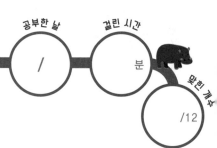

 나눗셈을 하세요.

① 86÷15

⑤ 75÷47

⑨ 61÷29

② 82÷21

⑥ 84÷39

⑩ 76÷24

③ 90÷34

⑦ 87÷16

⑪ 91÷27

④ 54÷19

⑧ 89÷42

⑫ 95÷18

몫이 한 자리 수인
(세 자리 수)÷(두 자리 수)

✏️ **몫이 한 자리 수인 (세 자리 수)÷(두 자리 수)의 계산**

나누어지는 수의 왼쪽 두 자리 수가 나누는 수보다 작으면 몫은 한 자리 수예요.

세로로 계산

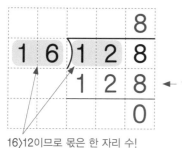

← 16×8=128

16)12이므로 몫은 한 자리 수!

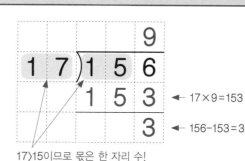

← 17×9=153

← 156−153=3

17)15이므로 몫은 한 자리 수!

가로로 계산

$$161÷23=7$$

$$236÷42=5 \cdots 26$$

🌧️
학습 포인트

하나. 몫이 한 자리 수인 (세 자리 수) ÷ (두 자리 수)의 계산을 공부합니다.

둘. 나누어지는 수의 왼쪽 두 자리 수가 나누는 수보다 크거나 같으면 몫이 한 자리 수임을 알게 합니다.

1 몫이 한 자리 수인 (세 자리 수)÷(두 자리 수)

공부한 날 / 걸린 시간 분 맞힌 개수 /15

정답: p.9

나눗셈을 하세요.

① $15\overline{)105}$

② $17\overline{)136}$

③ $19\overline{)125}$

④ $23\overline{)187}$

⑤ $26\overline{)198}$

⑥ $34\overline{)170}$

⑦ $39\overline{)234}$

⑧ $42\overline{)348}$

⑨ $44\overline{)416}$

⑩ $51\overline{)367}$

⑪ $53\overline{)159}$

⑫ $57\overline{)342}$

⑬ $61\overline{)206}$

⑭ $75\overline{)415}$

⑮ $83\overline{)522}$

2

몫이 한 자리 수인
(세 자리 수)÷(두 자리 수)

정답: p.9

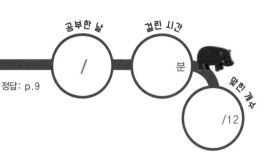

 나눗셈을 하세요.

① 231÷33

⑤ 284÷46

⑨ 165÷17

② 696÷87

⑥ 212÷34

⑩ 495÷97

③ 490÷70

⑦ 325÷65

⑪ 135÷27

④ 448÷52

⑧ 534÷89

⑫ 720÷78

3

몫이 한 자리 수인
(세 자리 수)÷(두 자리 수)

공부한 날

걸린 시간
분

맞힌 개수
/15

정답: p.9

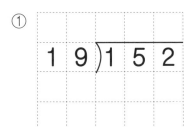 나눗셈을 하세요.

①
```
1 9 ) 1 5 2
```

②
```
2 1 ) 1 0 5
```

③
```
2 4 ) 1 5 2
```

④
```
2 6 ) 2 2 0
```

⑤
```
3 0 ) 1 4 4
```

⑥
```
3 3 ) 1 9 8
```

⑦
```
3 7 ) 3 3 3
```

⑧
```
4 5 ) 3 4 7
```

⑨
```
4 9 ) 4 0 0
```

⑩
```
5 2 ) 2 2 3
```

⑪
```
5 6 ) 1 6 8
```

⑫
```
6 3 ) 4 4 1
```

⑬
```
7 8 ) 1 9 2
```

⑭
```
8 4 ) 6 7 6
```

⑮
```
9 2 ) 6 6 9
```

4

몫이 한 자리 수인
(세 자리 수)÷(두 자리 수)

정답: p.9

 나눗셈을 하세요.

① 376÷47

⑤ 424÷56

⑨ 460÷92

② 555÷65

⑥ 495÷69

⑩ 516÷86

③ 116÷28

⑦ 420÷83

⑪ 203÷29

④ 480÷60

⑧ 786÷96

⑫ 385÷77

5

몫이 한 자리 수인
(세 자리 수)÷(두 자리 수)

공부한 날

걸린 시간

맞힌 개수

/

분

/15

정답: p.9

나눗셈을 하세요.

① 1 4) 1 2 6

② 2 5) 1 5 0

③ 3 6) 2 6 2

④ 4 9) 2 5 3

⑤ 7 3) 5 6 1

⑥ 1 7) 1 0 2

⑦ 2 9) 1 1 6

⑧ 4 0) 2 5 6

⑨ 5 2) 3 9 9

⑩ 8 2) 7 1 8

⑪ 2 1) 1 4 7

⑫ 3 3) 2 6 4

⑬ 4 7) 4 2 7

⑭ 6 8) 5 8 6

⑮ 9 5) 8 2 5

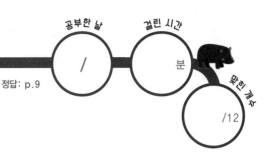

정답: p.9

 나눗셈을 하세요.

① 805÷89

⑤ 138÷46

⑨ 310÷32

② 214÷98

⑥ 792÷88

⑩ 171÷19

③ 599÷61

⑦ 240÷30

⑪ 415÷83

④ 296÷46

⑧ 693÷99

⑫ 112÷36

몫이 한 자리 수인
(세 자리 수)÷(두 자리 수)

나눗셈을 하세요.

① 18)126

② 35)175

③ 54)389

④ 66)601

⑤ 87)276

⑥ 24)120

⑦ 43)258

⑧ 57)479

⑨ 78)435

⑩ 94)768

⑪ 30)180

⑫ 49)343

⑬ 62)576

⑭ 83)361

⑮ 96)900

8

몫이 한 자리 수인
(세 자리 수)÷(두 자리 수)

공부한 날

걸린 시간

분

정답: p.9

맞힌 개수

/12

나눗셈을 하세요.

① 288÷48

⑤ 196÷62

⑨ 226÷31

② 165÷25

⑥ 382÷57

⑩ 623÷89

③ 864÷96

⑦ 210÷35

⑪ 304÷76

④ 568÷59

⑧ 882÷98

⑫ 179÷43

무료 동영상강의로
개념을 쉽게 배워보세요!

몫이 두 자리 수인
(세 자리 수)÷(두 자리 수)

✎ **몫이 두 자리 수인 (세 자리 수)÷(두 자리 수)의 계산**

나누어지는 수의 왼쪽 두 자리 수가 나누는 수보다 크거나 같으면 몫은 두 자리 수예요.

세로로 계산

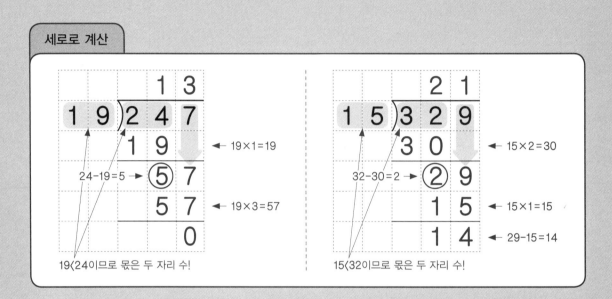

가로로 계산

$$624 \div 26 = 24$$

$$598 \div 37 = 16 \cdots 6$$

하나. 몫이 두 자리 수인 (세 자리 수)÷(두 자리 수)의 계산을 공부합니다.

둘. 나누어지는 수의 왼쪽 두 자리 수가 나누는 수보다 크거나 같으면 몫이 두 자리 수임을 알게
합니다.

1

몫이 두 자리 수인
(세 자리 수)÷(두 자리 수)

공부한 날
/

걸린 시간
분

맞힌 개수
/12

정답: p.10

🐷 나눗셈을 하세요.

① 17)255

⑤ 28)616

⑨ 49)784

② 19)399

⑥ 32)544

⑩ 53)742

③ 23)424

⑦ 37)526

⑪ 67)907

④ 25)589

⑧ 44)544

⑫ 85)942

몫이 두 자리 수인
(세 자리 수)÷(두 자리 수)

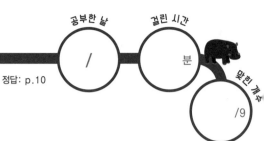
정답: p.10

나눗셈을 하세요.

① 350÷25

④ 757÷53

⑦ 460÷28

② 504÷38

⑤ 982÷89

⑧ 696÷29

③ 608÷19

⑥ 331÷17

⑨ 950÷62

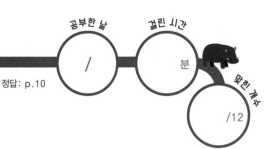
나눗셈을 하세요.

①
$$18\overline{)432}$$

②
$$19\overline{)285}$$

③
$$22\overline{)787}$$

④
$$29\overline{)620}$$

⑤
$$34\overline{)510}$$

⑥
$$36\overline{)684}$$

⑦
$$41\overline{)952}$$

⑧
$$48\overline{)783}$$

⑨
$$56\overline{)896}$$

⑩
$$63\overline{)882}$$

⑪
$$72\overline{)962}$$

⑫
$$81\overline{)904}$$

몫이 두 자리 수인
(세 자리 수)÷(두 자리 수)

정답: p.10

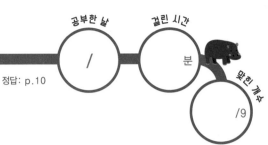

나눗셈을 하세요.

① 450÷23

④ 594÷18

⑦ 683÷34

② 745÷45

⑤ 492÷41

⑧ 637÷37

③ 957÷87

⑥ 372÷26

⑨ 425÷13

5

몫이 두 자리 수인
(세 자리 수)÷(두 자리 수)

공부한 날

/

걸린 시간

분

정답: p.10

맞힌 개수

/12

나눗셈을 하세요.

① 1 3 ⟌ 6 2 4

⑤ 1 6 ⟌ 8 3 2

⑨ 2 2 ⟌ 6 3 8

② 3 1 ⟌ 9 9 2

⑥ 3 3 ⟌ 8 5 8

⑩ 3 5 ⟌ 8 4 0

③ 3 7 ⟌ 7 7 3

⑦ 4 6 ⟌ 6 9 8

⑪ 5 7 ⟌ 6 4 1

④ 6 4 ⟌ 7 1 6

⑧ 7 8 ⟌ 9 8 1

⑫ 8 0 ⟌ 9 2 5

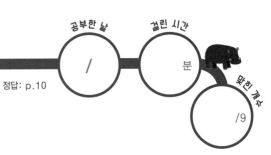
나눗셈을 하세요.

① 461÷31

④ 663÷17

⑦ 492÷44

② 286÷16

⑤ 678÷29

⑧ 552÷46

③ 612÷34

⑥ 947÷83

⑨ 972÷25

7

몫이 두 자리 수인
(세 자리 수)÷(두 자리 수)

공부한 날

/

걸린 시간

분

맞힌 개수

/12

정답: p.10

 나눗셈을 하세요.

① 1 7) 6 4 6

⑤ 1 9) 5 1 3

⑨ 2 7) 8 3 7

② 3 2) 7 6 8

⑥ 3 8) 8 3 6

⑩ 4 2) 7 1 4

③ 4 8) 6 3 4

⑦ 5 4) 8 1 8

⑪ 6 6) 9 4 7

④ 7 3) 9 6 0

⑧ 7 6) 9 2 7

⑫ 8 3) 9 8 3

8

몫이 두 자리 수인
(세 자리 수)÷(두 자리 수)

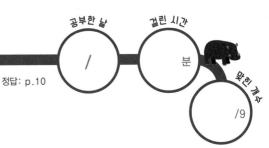

공부한 날

걸린 시간

/

분

맞힌 개수

/9

정답: p.10

 나눗셈을 하세요.

① 395÷15

④ 454÷19

⑦ 933÷92

② 507÷39

⑤ 324÷27

⑧ 935÷33

③ 432÷24

⑥ 728÷31

⑨ 668÷46

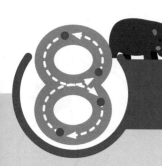

8 세 자리 수 나눗셈 종합

✏️ (세 자리 수)÷(한 자리 수), (세 자리 수)÷(두 자리 수)의 계산

세로로 계산

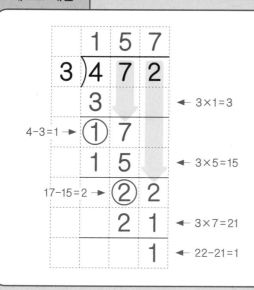

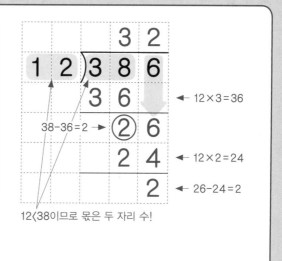

가로로 계산

$$154 \div 6 = 25 \cdots 4$$

$$224 \div 29 = 7 \cdots 21$$

하나. (세 자리 수) ÷ (한 자리 수), (세 자리 수) ÷ (두 자리 수)의 계산을 공부합니다.

둘. 나누는 수가 한 자리 수이든 두 자리 수이든 나눗셈의 계산 원리는 같습니다.

1 세 자리 수 나눗셈 종합

공부한 날
/

걸린 시간
분

맞힌 개수
/12

정답: p.11

🍪 나눗셈을 하세요.

① 2)476

② 3)111

③ 36)288

④ 19)684

⑤ 3)765

⑥ 6)504

⑦ 43)387

⑧ 37)518

⑨ 6)819

⑩ 7)627

⑪ 59)462

⑫ 61)736

나눗셈을 하세요.

① 574÷4

④ 468÷26

⑦ 728÷33

② 126÷8

⑤ 702÷54

⑧ 963÷72

③ 609÷7

⑥ 352÷48

⑨ 243÷27

3 세 자리 수 나눗셈 종합

공부한 날

/

걸린 시간

분

맞힌 개수

/12

정답: p.11

나눗셈을 하세요.

① 4) 5 3 2

⑤ 5) 7 2 5

⑨ 7) 9 8 3

② 5) 4 6 5

⑥ 7) 3 4 3

⑩ 9) 8 0 4

③ 2 8) 1 9 6

⑦ 5 3) 4 2 4

⑪ 6 5) 5 7 9

④ 3 2) 5 7 6

⑧ 4 1) 7 7 9

⑫ 6 4) 8 4 0

세 자리 수 나눗셈 종합

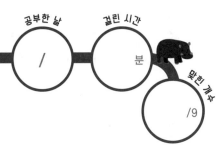

공부한 날 /

걸린 시간 분

맞힌 개수 /9

 나눗셈을 하세요.

① 927÷8

④ 588÷49

⑦ 856÷62

② 286÷5

⑤ 618÷55

⑧ 782÷34

③ 192÷8

⑥ 325÷76

⑨ 376÷47

세 자리 수 나눗셈 종합

 나눗셈을 하세요.

① 6) 7 6 5

② 5) 4 7 3

③ 4 3) 2 2 7

④ 2 4) 3 1 4

⑤ 7) 8 4 6

⑥ 7) 1 7 8

⑦ 5 6) 4 0 0

⑧ 6 2) 7 8 6

⑨ 8) 9 6 8

⑩ 8) 6 2 4

⑪ 7 5) 6 7 5

⑫ 7 3) 9 4 9

6 세 자리 수 나눗셈 종합

나눗셈을 하세요.

① 648÷5

④ 559÷43

⑦ 961÷77

② 347÷4

⑤ 572÷36

⑧ 928÷29

③ 486÷9

⑥ 634÷68

⑨ 846÷94

공부한 날

걸린 시간

맞힌 개수

/

분

/12

정답: p.11

나눗셈을 하세요.

① $6\,\overline{)8\ 9\ 2}$

② $6\,\overline{)5\ 3\ 6}$

③ $42\,\overline{)3\ 6\ 8}$

④ $56\,\overline{)8\ 5\ 4}$

⑤ $8\,\overline{)9\ 2\ 3}$

⑥ $7\,\overline{)6\ 2\ 5}$

⑦ $69\,\overline{)4\ 9\ 1}$

⑧ $71\,\overline{)7\ 9\ 3}$

⑨ $9\,\overline{)9\ 4\ 5}$

⑩ $9\,\overline{)4\ 3\ 2}$

⑪ $84\,\overline{)6\ 7\ 2}$

⑫ $78\,\overline{)9\ 3\ 6}$

나눗셈을 하세요.

① 970÷5

④ 984÷79

⑦ 752÷47

② 738÷8

⑤ 667÷54

⑧ 851÷23

③ 567÷9

⑥ 493÷67

⑨ 702÷78

실력 체크

최종 점검

나누어떨어지지 않는
(두 자리 수)÷(두 자리 수)

공부한 날	월	일
걸린 시간	분	초
맞힌 개수		/15

정답: p.12

 나눗셈을 하세요.

① 16)92

② 14)46

③ 19)83

④ 30)89

⑤ 17)70

⑥ 11)63

⑦ 23)78

⑧ 27)86

⑨ 10)75

⑩ 12)58

⑪ 48)97

⑫ 29)90

⑬ 33)61

⑭ 28)99

⑮ 41)84

실력 체크

5-B

나누어떨어지지 않는
(두 자리 수)÷(두 자리 수)

공부한 날	월	일
걸린 시간	분	초
맞힌 개수		/12

정답: p.12

나눗셈을 하세요.

① 62÷18

⑤ 74÷32

⑨ 81÷29

② 91÷25

⑥ 88÷40

⑩ 96÷14

③ 85÷13

⑦ 57÷26

⑪ 94÷45

④ 62÷18

⑧ 95÷43

⑫ 87÷19

몫이 한 자리 수인
(세 자리 수)÷(두 자리 수)

공부한 날	월	일
걸린 시간	분	초
맞힌 개수		/15

정답: p.12

 나눗셈을 하세요.

① $38\overline{)251}$

② $64\overline{)627}$

③ $16\overline{)144}$

④ $29\overline{)232}$

⑤ $97\overline{)937}$

⑥ $12\overline{)108}$

⑦ $26\overline{)199}$

⑧ $80\overline{)649}$

⑨ $52\overline{)384}$

⑩ $31\overline{)279}$

⑪ $55\overline{)240}$

⑫ $74\overline{)456}$

⑬ $23\overline{)184}$

⑭ $45\overline{)276}$

⑮ $85\overline{)595}$

실력 체크

6-B 몫이 한 자리 수인 (세 자리 수)÷(두 자리 수)

공부한 날	월	일
걸린 시간	분	초
맞힌 개수		/12

정답: p.12

나눗셈을 하세요.

① 203÷27

② 560÷65

③ 313÷99

④ 525÷58

⑤ 438÷73

⑥ 354÷62

⑦ 570÷95

⑧ 782÷97

⑨ 422÷79

⑩ 392÷49

⑪ 804÷88

⑫ 189÷44

7-A

몫이 두 자리 수인
(세 자리 수)÷(두 자리 수)

공부한 날	월	일
걸린 시간	분	초
맞힌 개수		/12

정답: p.13

🍪 나눗셈을 하세요.

① 14) 5 4 6

⑤ 51) 7 2 1

⑨ 19) 8 8 3

② 73) 9 5 3

⑥ 65) 7 8 0

⑩ 46) 5 9 8

③ 90) 9 9 8

⑦ 27) 3 8 4

⑪ 12) 5 2 8

④ 33) 6 2 3

⑧ 82) 9 8 4

⑫ 38) 5 7 0

공부한 날	월	일
걸린 시간	분	초

몫이 두 자리 수인
(세 자리 수)÷(두 자리 수)

정답: p.13

 나눗셈을 하세요.

① 373÷21

④ 980÷35

⑦ 458÷14

② 784÷56

⑤ 396÷18

⑧ 441÷28

③ 858÷34

⑥ 903÷49

⑨ 951÷52

공부한 날	월	일
걸린 시간	분	초

공부한 날	월	일
걸린 시간	분	초
맞힌 개수		/12

정답: p.13

나눗셈을 하세요.

① 4) 7 5 7

② 6) 4 7 2

③ 5 8) 5 2 2

④ 3 2) 6 2 8

⑤ 5) 6 0 5

⑥ 8) 3 9 6

⑦ 4 6) 4 0 8

⑧ 1 7) 9 4 5

⑨ 7) 8 8 9

⑩ 3) 2 5 8

⑪ 2 4) 2 2 7

⑫ 6 3) 7 5 6

공부한 날	월	일
걸린 시간	분	초

8-B 세 자리수 나눗셈 종합

공부한 날	월	일
걸린 시간	분	초
맞힌 개수		/9

정답: p.13

 나눗셈을 하세요.

① 459÷3

④ 832÷52

⑦ 908÷29

② 374÷5

⑤ 612÷68

⑧ 464÷74

③ 593÷9

⑥ 567÷68

⑨ 648÷81

Memo

Memo

Memo

학 습 구 성

기초수학 초등 1학년

1권	자연수의 덧셈과 뺄셈 기본	2권	자연수의 덧셈과 뺄셈 초급
1	9까지의 수 가르기와 모으기	1	(몇십)+(몇), (몇)+(몇십)
2	합이 9까지인 수의 덧셈	2	(몇십몇)+(몇), (몇)+(몇십몇)
3	차가 9까지인 수의 뺄셈	3	(몇십몇)−(몇)
4	덧셈과 뺄셈의 관계	4	(몇십)±(몇십)
5	두 수를 바꾸어 더하기	5	(몇십몇)±(몇십몇)
6	10 가르기와 모으기	6	한 자리 수인 세 수의 덧셈과 뺄셈
7	10이 되는 덧셈, 10에서 빼는 뺄셈	7	받아올림이 있는 (몇)+(몇)
8	두 수의 합이 10인 세 수의 덧셈	8	받아내림이 있는 (십몇)−(몇)

기초수학 초등 2학년

3권	자연수의 덧셈과 뺄셈 중급	4권	곱셈구구
1	받아올림이 있는 (두 자리 수)+(한 자리 수)	1	같은 수를 여러 번 더하기
2	받아내림이 있는 (두 자리 수)−(한 자리 수)	2	2의 단, 5의 단, 4의 단 곱셈구구
3	받아올림이 한 번 있는 (두 자리 수)+(두 자리 수)	3	2의 단, 3의 단, 6의 단 곱셈구구
4	받아올림이 두 번 있는 (두 자리 수)+(두 자리 수)	4	3의 단, 6의 단, 4의 단 곱셈구구
5	받아내림이 있는 (두 자리 수)−(두 자리 수)	5	4의 단, 8의 단, 6의 단 곱셈구구
6	(두 자리 수)±(두 자리 수)	6	5의 단, 7의 단, 9의 단 곱셈구구
7	(세 자리 수)±(두 자리 수)	7	7의 단, 8의 단, 9의 단 곱셈구구
8	두 자리 수인 세 수의 덧셈과 뺄셈	8	곱셈구구

기초수학 초등 3학년

5권	자연수의 덧셈과 뺄셈 고급 / 자연수의 곱셈과 나눗셈 초급	6권	자연수의 곱셈과 나눗셈 중급
1	받아올림이 없거나 한 번 있는 (세 자리 수)+(세 자리 수)	1	(세 자리 수)×(한 자리 수)
2	연속으로 받아올림이 있는 (세 자리 수)+(세 자리 수)	2	(몇십)×(몇십), (몇십)×(몇십몇)
3	받아내림이 없거나 한 번 있는 (세 자리 수)−(세 자리 수)	3	(몇십몇)×(몇십), (몇십몇)×(몇십몇)
4	연속으로 받아내림이 있는 (세 자리 수)−(세 자리 수)	4	내림이 없는 (몇십몇)÷(몇)
5	곱셈과 나눗셈의 관계	5	내림이 있는 (몇십몇)÷(몇)
6	곱셈구구를 이용하거나 세로로 나눗셈의 몫 구하기	6	나누어떨어지지 않는 (몇십몇)÷(몇)
7	올림이 없는 (두 자리 수)×(한 자리 수)	7	나누어떨어지는 (세 자리 수)÷(한 자리 수)
8	일의 자리에서 올림이 있는 (두 자리 수)×(한 자리 수)	8	나누어떨어지지 않는 (세 자리 수)÷(한 자리 수)

계산력+두뇌회전
UP!

한 권으로 계산 끝

정답

7

초등수학
4학년 과정

계산력 + 두뇌회전
UP!

한 권으로 계산 끝

정답

7

초등수학
4학년 과정

넥서스에듀

(몇백)×(몇십)

1   p.15

① 3000	⑥ 10000	⑪ 32000
② 6000	⑦ 16000	⑫ 30000
③ 8000	⑧ 25000	⑬ 54000
④ 15000	⑨ 36000	⑭ 35000
⑤ 42000	⑩ 28000	⑮ 64000

2   p.16

① 12000	⑤ 18000	⑨ 20000
② 6000	⑥ 40000	⑩ 48000
③ 49000	⑦ 9000	⑪ 20000
④ 9000	⑧ 12000	⑫ 63000

3   p.17

① 6000	⑥ 15000	⑪ 32000
② 27000	⑦ 35000	⑫ 21000
③ 12000	⑧ 24000	⑬ 35000
④ 18000	⑨ 10000	⑭ 7000
⑤ 20000	⑩ 48000	⑮ 54000

4   p.18

① 40000	⑤ 28000	⑨ 16000
② 32000	⑥ 21000	⑩ 36000
③ 27000	⑦ 6000	⑪ 10000
④ 72000	⑧ 10000	⑫ 36000

5   p.19

① 28000	⑥ 12000	⑪ 63000
② 8000	⑦ 36000	⑫ 45000
③ 3000	⑧ 20000	⑬ 72000
④ 4000	⑨ 16000	⑭ 18000
⑤ 28000	⑩ 21000	⑮ 18000

6   p.20

① 56000	⑤ 16000	⑨ 12000
② 24000	⑥ 72000	⑩ 28000
③ 8000	⑦ 36000	⑪ 18000
④ 54000	⑧ 40000	⑫ 35000

7   p.21

① 12000	⑥ 45000	⑪ 27000
② 8000	⑦ 15000	⑫ 40000
③ 10000	⑧ 35000	⑬ 72000
④ 12000	⑨ 4000	⑭ 42000
⑤ 28000	⑩ 72000	⑮ 27000

8   p.22

① 49000	⑤ 21000	⑨ 54000
② 32000	⑥ 49000	⑩ 9000
③ 9000	⑦ 20000	⑪ 24000
④ 81000	⑧ 64000	⑫ 30000

 **(몇백)×(몇십몇)**

1
p.24

① 1300　　⑤ 7800　　⑨ 17200

② 4800　　⑥ 16800　　⑩ 9500

③ 6900　　⑦ 7000　　⑪ 27000

④ 12800　⑧ 16200　　⑫ 35700

2
p.25

① 8200　　⑤ 20700　　⑨ 21000

② 7200　　⑥ 45600　　⑩ 33000

③ 23800　⑦ 8400　　⑪ 21500

④ 15300　⑧ 9800　　⑫ 22400

3
p.26

① 3200　　⑤ 5600　　⑨ 13600

② 7500　　⑥ 12800　　⑩ 31500

③ 20800　⑦ 28500　　⑪ 38400

④ 19000　⑧ 51100　　⑫ 63900

4
p.27

① 12800　⑤ 2700　　⑨ 15200

② 40200　⑥ 24000　　⑩ 46400

③ 21600　⑦ 5600　　⑪ 9500

④ 23400　⑧ 60800　　⑫ 42700

5
p.28

① 2500　　⑤ 13600　　⑨ 41000

② 9300　　⑥ 18500　　⑩ 8400

③ 29200　⑦ 49800　　⑪ 36400

④ 39600　⑧ 39200　　⑫ 57600

6
p.29

① 43500　⑤ 66600　　⑨ 26400

② 5000　　⑥ 24800　　⑩ 35100

③ 37600　⑦ 8300　　⑪ 15600

④ 8000　　⑧ 16800　　⑫ 14400

7
p.30

① 5200　　⑤ 14100　　⑨ 20400

② 27200　⑥ 40500　　⑩ 65800

③ 48000　⑦ 31800　　⑪ 13600

④ 51000　⑧ 62300　　⑫ 69300

8
p.31

① 34800　⑤ 11600　　⑨ 51300

② 7600　　⑥ 21000　　⑩ 33600

③ 11100　⑦ 18400　　⑪ 44400

④ 58500　⑧ 21600　　⑫ 42500

1   p.33
① 7426   ⑤ 36162   ⑨ 35932

② 8748   ⑥ 17220   ⑩ 11648

③ 6213   ⑦ 29326   ⑪ 10304

④ 9246   ⑧ 12308   ⑫ 52416

2   p.34
① 28756   ④ 7476   ⑦ 38304

② 16660   ⑤ 27807   ⑧ 11882

③ 14800   ⑥ 11744   ⑨ 9711

3   p.35
① 9590   ⑤ 22737   ⑨ 46066

② 8808   ⑥ 66445   ⑩ 10318

③ 8806   ⑦ 24447   ⑪ 13608

④ 4225   ⑧ 18088   ⑫ 43952

4   p.36
① 11094   ④ 9918   ⑦ 51688

② 37888   ⑤ 69078   ⑧ 31590

③ 8640   ⑥ 62426   ⑨ 27456

5   p.37
① 8978   ⑤ 8802   ⑨ 18432

② 28704   ⑥ 23382   ⑩ 79548

③ 9658   ⑦ 9731   ⑪ 32670

④ 22302   ⑧ 34335   ⑫ 64416

6   p.38
① 9312   ④ 83126   ⑦ 34992

② 25408   ⑤ 37180   ⑧ 18688

③ 9933   ⑥ 25872   ⑨ 26432

7   p.39
① 9048   ⑤ 8622   ⑨ 49538

② 33516   ⑥ 24780   ⑩ 74412

③ 8814   ⑦ 45355   ⑪ 28405

④ 11316   ⑧ 33712   ⑫ 45384

8   p.40
① 9936   ④ 41040   ⑦ 31960

② 15664   ⑤ 21333   ⑧ 27426

③ 9734   ⑥ 83853   ⑨ 28194

나누어떨어지는
(두 자리 수)÷(두 자리 수)

p.42

1

① 3　　　⑥ 3　　　⑪ 3
② 2　　　⑦ 4　　　⑫ 2
③ 3　　　⑧ 3　　　⑬ 2
④ 4　　　⑨ 2　　　⑭ 2
⑤ 5　　　⑩ 2　　　⑮ 2

p.43

2

① 2　　　⑤ 2　　　⑨ 3
② 3　　　⑥ 2　　　⑩ 4
③ 2　　　⑦ 4　　　⑪ 2
④ 4　　　⑧ 3　　　⑫ 6

p.44

3

① 4　　　⑥ 2　　　⑪ 2
② 5　　　⑦ 5　　　⑫ 2
③ 2　　　⑧ 3　　　⑬ 2
④ 3　　　⑨ 2　　　⑭ 2
⑤ 5　　　⑩ 3　　　⑮ 2

p.45

4

① 4　　　⑤ 3　　　⑨ 4
② 5　　　⑥ 4　　　⑩ 3
③ 2　　　⑦ 2　　　⑪ 6
④ 2　　　⑧ 2　　　⑫ 2

p.46

5

① 5　　　⑥ 7　　　⑪ 3
② 3　　　⑦ 5　　　⑫ 4
③ 4　　　⑧ 2　　　⑬ 3
④ 3　　　⑨ 3　　　⑭ 2
⑤ 2　　　⑩ 2　　　⑮ 2

p.47

6

① 2　　　⑤ 2　　　⑨ 4
② 4　　　⑥ 3　　　⑩ 3
③ 5　　　⑦ 2　　　⑪ 8
④ 2　　　⑧ 2　　　⑫ 3

p.48

7

① 7　　　⑥ 3　　　⑪ 5
② 6　　　⑦ 5　　　⑫ 3
③ 4　　　⑧ 2　　　⑬ 3
④ 2　　　⑨ 3　　　⑭ 2
⑤ 2　　　⑩ 2　　　⑮ 2

p.49

8

① 3　　　⑤ 5　　　⑨ 3
② 2　　　⑥ 5　　　⑩ 4
③ 6　　　⑦ 2　　　⑪ 4
④ 3　　　⑧ 2　　　⑫ 7

1-A　　　　　　　　　　　　　　　　p.52

① 42000　　⑥ 72000　　⑪ 27000

② 9000　　⑦ 21000　　⑫ 32000

③ 12000　　⑧ 45000　　⑬ 42000

④ 45000　　⑨ 40000　　⑭ 48000

⑤ 8000　　⑩ 14000　　⑮ 12000

1-B　　　　　　　　　　　　　　　　p.53

① 36000　　⑤ 35000　　⑨ 54000

② 8000　　⑥ 20000　　⑩ 18000

③ 48000　　⑦ 63000　　⑪ 6000

④ 81000　　⑧ 24000　　⑫ 56000

2-A　　　　　　　　　　　　　　　　p.54

① 18600　　⑤ 14700　　⑨ 17500

② 31800　　⑥ 33300　　⑩ 44800

③ 6400　　⑦ 7400　　⑪ 41000

④ 38400　　⑧ 58200　　⑫ 20400

2-B　　　　　　　　　　　　　　　　p.55

① 14400　　⑤ 12200　　⑨ 4500

② 7300　　⑥ 16200　　⑩ 49600

③ 24000　　⑦ 33200　　⑪ 33300

④ 76000　　⑧ 34300　　⑫ 28200

3-A p.56

① 8493
② 9438
③ 8843
④ 13680
⑤ 46911
⑥ 38448
⑦ 18172
⑧ 24026
⑨ 25350
⑩ 37142
⑪ 54531
⑫ 39624

3-B p.57

① 7882
② 39245
③ 9548
④ 64239
⑤ 13262
⑥ 63827
⑦ 57290
⑧ 26432
⑨ 26676

4-A p.58

① 6
② 2
③ 2
④ 2
⑤ 8
⑥ 3
⑦ 3
⑧ 5
⑨ 2
⑩ 4
⑪ 2
⑫ 8
⑬ 2
⑭ 3
⑮ 2

4-B p.59

① 5
② 2
③ 7
④ 3
⑤ 2
⑥ 2
⑦ 3
⑧ 2
⑨ 4
⑩ 3
⑪ 3
⑫ 7

5 나누어떨어지지 않는
(두 자리 수)÷(두 자리 수)

1 p.61

① 3…7	⑥ 3…10	⑪ 2…8
② 4…9	⑦ 2…13	⑫ 3…1
③ 5…6	⑧ 3…2	⑬ 2…7
④ 4…5	⑨ 2…2	⑭ 2…6
⑤ 3…11	⑩ 2…22	⑮ 1…35

2 p.62

① 2…13	⑤ 3…11	⑨ 4…8
② 1…26	⑥ 2…15	⑩ 2…14
③ 5…4	⑦ 3…3	⑪ 2…3
④ 5…6	⑧ 2…8	⑫ 3…1

3 p.63

① 6…4	⑥ 3…12	⑪ 1…24
② 5…4	⑦ 2…3	⑫ 2…6
③ 3…12	⑧ 3…7	⑬ 2…9
④ 4…14	⑨ 2…8	⑭ 1…38
⑤ 2…15	⑩ 3…2	⑮ 2…4

4 p.64

① 4…12	⑤ 2…13	⑨ 5…3
② 3…12	⑥ 4…5	⑩ 2…15
③ 3…1	⑦ 3…4	⑪ 2…1
④ 2…2	⑧ 3…4	⑫ 3…1

5 p.65

① 5…11	⑥ 5…8	⑪ 4…3
② 3…6	⑦ 3…9	⑫ 2…19
③ 4…3	⑧ 3…10	⑬ 3…15
④ 2…25	⑨ 2…13	⑭ 2…1
⑤ 1…16	⑩ 2…12	⑮ 1…36

6 p.66

① 6…5	⑤ 1…42	⑨ 2…8
② 2…2	⑥ 2…20	⑩ 2…6
③ 4…12	⑦ 4…4	⑪ 3…3
④ 3…10	⑧ 2…5	⑫ 6…8

7 p.67

① 6…5	⑥ 4…12	⑪ 4…5
② 4…12	⑦ 4…11	⑫ 4…3
③ 3…13	⑧ 4…2	⑬ 3…8
④ 2…15	⑨ 2…24	⑭ 3…2
⑤ 2…10	⑩ 2…4	⑮ 2…1

8 p.68

① 5…11	⑤ 1…28	⑨ 2…3
② 3…19	⑥ 2…6	⑩ 3…4
③ 2…22	⑦ 5…7	⑪ 3…10
④ 2…16	⑧ 2…5	⑫ 5…5

몫이 한 자리 수인
(세 자리 수)÷(두 자리 수)

1
p.70

① 7	⑥ 5	⑪ 3
② 8	⑦ 6	⑫ 6
③ 6…11	⑧ 8…12	⑬ 3…23
④ 8…3	⑨ 9…20	⑭ 5…40
⑤ 7…16	⑩ 7…10	⑮ 6…24

2
p.71

① 7	⑤ 6…8	⑨ 9…12
② 8	⑥ 6…8	⑩ 5…10
③ 7	⑦ 5	⑪ 5
④ 8…32	⑧ 6	⑫ 9…18

3
p.72

① 8	⑥ 6	⑪ 3
② 5	⑦ 9	⑫ 7
③ 6…8	⑧ 7…32	⑬ 2…36
④ 8…12	⑨ 8…8	⑭ 8…4
⑤ 4…24	⑩ 4…15	⑮ 7…25

4
p.73

① 8	⑤ 7…32	⑨ 5
② 8…35	⑥ 7…12	⑩ 6
③ 4…4	⑦ 5…5	⑪ 7
④ 8	⑧ 8…18	⑫ 5

5
p.74

① 9	⑥ 6	⑪ 7
② 6	⑦ 4	⑫ 8
③ 7…10	⑧ 6…16	⑬ 9…4
④ 5…8	⑨ 7…35	⑭ 8…12
⑤ 7…50	⑩ 8…62	⑮ 8…65

6
p.75

① 9…4	⑤ 3	⑨ 9…22
② 2…18	⑥ 9	⑩ 9
③ 9…50	⑦ 8	⑪ 5
④ 6…20	⑧ 7	⑫ 3…4

7
p.76

① 7	⑥ 5	⑪ 6
② 5	⑦ 6	⑫ 7
③ 7…11	⑧ 8…23	⑬ 9…18
④ 9…7	⑨ 5…45	⑭ 4…29
⑤ 3…15	⑩ 8…16	⑮ 9…36

8
p.77

① 6	⑤ 3…10	⑨ 7…9
② 6…15	⑥ 6…40	⑩ 7
③ 9	⑦ 6	⑪ 4
④ 9…37	⑧ 9	⑫ 4…7

몫이 두 자리 수인
(세 자리 수)÷(두 자리 수)

8 세 자리 수 나눗셈 종합

1   p.88

① 238	⑤ 255	⑨ 136…3
② 37	⑥ 84	⑩ 89…4
③ 8	⑦ 9	⑪ 7…49
④ 36	⑧ 14	⑫ 12…4

2   p.89

① 143…2	④ 18	⑦ 22…2
② 15…6	⑤ 13	⑧ 13…27
③ 87	⑥ 7…16	⑨ 9

3   p.90

① 133	⑤ 145	⑨ 140…3
② 93	⑥ 49	⑩ 89…3
③ 7	⑦ 8	⑪ 8…59
④ 18	⑧ 19	⑫ 13…8

4   p.91

① 115…7	④ 12	⑦ 13…50
② 57…1	⑤ 11…13	⑧ 23
③ 24	⑥ 4…21	⑨ 8

5   p.92

① 127…3	⑤ 120…6	⑨ 121
② 94…3	⑥ 25…3	⑩ 78
③ 5…12	⑦ 7…8	⑪ 9
④ 13…2	⑧ 12…42	⑫ 13

6   p.93

① 129…3	④ 13	⑦ 12…37
② 86…3	⑤ 15…32	⑧ 32
③ 54	⑥ 9…22	⑨ 9

7   p.94

① 148…4	⑤ 115…3	⑨ 105
② 89…2	⑥ 89…2	⑩ 48
③ 8…32	⑦ 7…8	⑪ 8
④ 15…14	⑧ 11…12	⑫ 12

8   p.95

① 194	④ 12…36	⑦ 16
② 92…2	⑤ 12…19	⑧ 37
③ 63	⑥ 7…24	⑨ 9

5-A   p.98

① 5…12 ⑥ 5…8   ⑪ 2…1
② 3…4   ⑦ 3…9   ⑫ 3…3
③ 4…7   ⑧ 3…5   ⑬ 1…28
④ 2…29 ⑨ 7…5   ⑭ 3…15
⑤ 4…2   ⑩ 4…10 ⑮ 2…2

5-B   p.99

① 3…8   ⑤ 2…10 ⑨ 2…23
② 3…16 ⑥ 2…8   ⑩ 6…12
③ 6…7   ⑦ 2…5   ⑪ 2…4
④ 3…8   ⑧ 2…9   ⑫ 4…11

6-A   p.100

① 6…23 ⑥ 9   ⑪ 4…20
② 9…51 ⑦ 7…17 ⑫ 6…12
③ 9   ⑧ 8…9   ⑬ 8
④ 8   ⑨ 7…20 ⑭ 6…6
⑤ 9…64 ⑩ 9   ⑮ 7

6-B   p.101

① 7…14 ⑤ 6   ⑨ 5…27
② 8…40 ⑥ 5…44 ⑩ 8
③ 3…16 ⑦ 6   ⑪ 9…12
④ 9…3   ⑧ 8…6   ⑫ 4…13

7-A
p.102

① 39
⑤ 14…7
⑨ 46…9

② 13…4
⑥ 12
⑩ 13

③ 11…8
⑦ 14…6
⑪ 44

④ 18…29
⑧ 12
⑫ 15

7-B
p.103

① 17…16
④ 28
⑦ 32…10

② 14
⑤ 22
⑧ 15…21

③ 25…8
⑥ 18…21
⑨ 18…15

8-A
p.104

① 189…1
⑤ 121
⑨ 127

② 78…4
⑥ 49…4
⑩ 86

③ 9
⑦ 8…40
⑪ 9…11

④ 19…20
⑧ 55…10
⑫ 12

8-B
p.105

① 153
④ 16
⑦ 31…9

② 74…4
⑤ 9
⑧ 6…20

③ 65…8
⑥ 8…23
⑨ 8

Memo

Memo

Memo